精装
彩绘本

生物原来这么有趣

三 朵/著 摇 摇/绘

湘潭大学出版社
XIANGTAN UNIVERSITY PRESS

图书在版编目（CIP）数据

生物原来这么有趣 / 三朵著；摇摇绘. -- 湘潭 ：
湘潭大学出版社，2023.5
　ISBN 978-7-5687-1054-1

　Ⅰ．①生… Ⅱ．①三… ②摇… Ⅲ．①生物学一青少
年读物 Ⅳ．① Q-49

　中国国家版本馆 CIP 数据核字（2023）第 060307 号

生物原来这么有趣

SHENGWU YUANLAIZHEME YOUQU

三朵　著　摇摇　绘

策划编辑：知　书
责任编辑：刘禹岐
封面设计：海　凝
出版发行：湘潭大学出版社
社　　址：湖南省湘潭大学工程训练大楼
电　　话：0731-58298960 0731-58298966（传真）
邮　　编：411105
网　　址：http://press.xtu.edu.cn/
印　　刷：大厂回族自治县德诚印务有限公司
经　　销：湖南省新华书店
开　　本：787 mm×1092 mm 1/16
印　　张：4.75
字　　数：72 千字
版　　次：2023 年 5 月第 1 版
印　　次：2023 年 5 月第 1 次印刷
书　　号：ISBN 978-7-5687-1054-1
定　　价：58.00 元

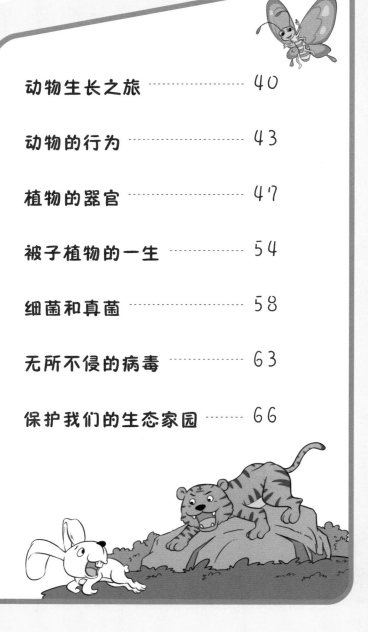

什么是生物？

提到"生物"这个词，你会不会觉得深奥难懂？你能够分辨出生活中哪些属于生物，哪些不是生物吗？

其实，有生命的物体就是生物。观察一下身边的小猫、小狗，以及路边的一棵小草、藏在石头下的昆虫……看一看那些有生命的物体，都有哪些特征吧！

能够呼吸

绝大多数的生物都需要呼吸，吸入氧气，呼出二氧化碳。所以绝大多数生命离不开氧气，缺氧就会窒息。

猫咪喜欢吃小鱼，可是猫不会游泳，在水里没法呼吸，不能自己去水中捕鱼；小鱼却可以在水里自由自在地遨游。这是因为小鱼不需要呼吸吗？

不，这是因为猫用肺呼吸，只能获取空气中的氧气，而鱼用鳃呼吸，可以获取溶解在水里的氧气。

需要营养

为了维持生命，生物都需要不断从外界获取食物，补充营养。

会排出体内的废物

生物在生长过程中，会进行新陈代谢，不断把体内产生的废物排出去。

动物通过排泄、流汗等方式排出体内废物，可是植物是怎样排出废物的呢？

植物的落叶能带走一部分废物。

能够生长和繁殖

每种生物都能够进行生长发育，等发育到一定阶段的时候，就能够繁殖下一代。

可是为什么很少见到农场里的骡子生下小骡子呢？

这是因为骡子是驴和马生下的杂交物种，这种种间杂交的物种，一般无法生育后代。

受到刺激后会产生反应

如果生物受到环境的刺激，比如气温突然变低、敌害突然出现，无论是动物还是植物，都会做出反应来保护自己。

同种生物存在共性，也有自己的"个性"

每种生物和它的"亲人"之间，在很多方面都有相同的特征，但也有自己的"个性"特征。

如果你仔细寻找和观察，就会发现即使是同一棵树，也没有两片一模一样的树叶。

生物的代表

生物种类繁多。小猫、小鸡是生物；飞鸟、鱼虫是生物；人类是生物；植物是生物，甚至细菌、病毒也都是生物。那么，你知道生物都有哪些种类吗？

现在，我们就来了解一些具有代表性的生物类别吧！

蕨类植物

在小河边，或是山林中潮湿的地方，生长着一类叶片像羽毛一样的植物，这就是蕨类植物，它们依靠孢子繁衍后代。

在蕨类植物的根、茎、叶中，藏着为植物输送物质的秘密通道——输导组织。

虽然如今我们见到的蕨类植物大多又矮又小，但是，在2亿多年前，蕨类植物可以生长到几米，甚至几十米高！

只是，随着地球气候发生翻天覆地的变化，这些高大的

Tips

孢子 蕨类植物叶片背面有孢子囊群。每个孢子囊中的孢子（一种生殖细胞）成熟后，就会随风散播，如果落在温暖而又潮湿的地方就会萌发，生长为新的植株。

蕨类植物便消失了。取而代之的，是更适合现代气候的铁线蕨、鹿角蕨等较为矮小的品种。

如今人们使用的煤炭，大多数都是那时的高大蕨类植物演变的。

种子植物

种子植物是由种子发育而成，并能结出种子的植物，分为**裸子植物**和**被子植物**两种。

为了让种群顺利地繁衍下去，植物的种子会迸发出强大的生命力！它们有的能承受严寒或酷暑，有的能适应干旱或水浸，有的像"长了腿"似的能移动，还有的能沉睡在深深的地下上千年！

2018年，在河南开封出土了几颗古莲子，经过专家的研究，发现它们居然是北宋时期的莲子！也就是说，这几颗莲子已经在地下沉睡了上千年！

几经辗转，这些古莲子被送到了杭州。在专家的手里，沉睡千年的莲子迸发出了新生。

Tips

裸子植物　种子裸露着的植物被称为裸子植物，是种子植物中较低级的一类。高大的冷杉、落叶松等植物都是裸子植物。

冷杉

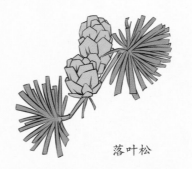

落叶松

被子植物　拥有花是被子植物最大的特征，因此，它们也被称作"有花植物"。菊花、桃树、水稻等都是被子植物。

腔肠动物

腔肠动物的身体结构比较简单。它们有嘴巴，却没有肛门，体表有攻击和防御用的刺细胞，大多数生活在大海里，也有一小部分生活在淡水中。

如果经身体纵轴将腔肠动物从多个切面切开，你会发现，不管从哪一个切面看，它们的身体都是对称的。这也是腔肠动物的一大特征，这种体形叫作"辐射对称"。

一碰就缩进沙子里的海葵、海底五彩斑斓的珊瑚，还有口感

Tips

刺细胞　刺细胞是腔肠动物特有的一种细胞。刺细胞里面大多藏有有毒的刺丝，当腔肠动物受到威胁或是捕猎时，就会弹出刺丝朝动物体内放出毒液。

又脆又鲜的海蜇，它们都是腔肠动物。

注意了，"绛树无花叶，非石亦非琼"的美丽珊瑚礁可不是海底岩石噢！而是地地道道的珊瑚遗迹呢！

哺乳动物

一般来说，体表被毛，胎生，哺乳，牙齿有门齿、犬齿和臼齿分化的生物就是哺乳动物。

非洲草原上奔驰的斑马、青藏高原上狩猎的雪豹、田野中打洞的鼹鼠，还有国宝大熊猫，它们都是哺乳动物。

还有些动物十分特别，看起来和哺乳动物不一样，可却是货真价实的哺乳动物。

比如，身体光滑、没有被毛的水生动物鲸鱼和海豚，生活在澳大利亚的神奇生物——卵生哺乳动物鸭嘴兽。

被毛　　身体表面覆盖毛发，具有保温、保护皮肤等作用。

胎生　　动物有胎生的，也有卵生的。胎生和卵生最大的区别在于，胎生胚胎发育吸收的营养来自母体，而卵生胚胎发育吸收的营养来自卵黄（鸡蛋的蛋黄就是一种卵黄）。

牙齿分化　　哺乳动物的牙齿有门齿、犬齿和臼齿的分化。一般门齿用来切断食物，犬齿用来撕裂食物，臼齿用来磨碎食物，这三种牙齿各司其职。不同类型的动物牙齿的分化不一样。

微生物

包括细菌、真菌和病毒等，绝大多数用肉眼难以看清，必须借助显微镜才能进行观察。

微生物与人类的关系相当微妙。

很多疾病都是由细菌、病毒这样的微生物导致的。但微生物又在很多方面是人类的好帮手，它们除了可以净化环境、制作食物，还可以帮助人们研究生命的本源，在医学方面有重大意义。

除了上面提到的这些，动物还包括原生动物、棘皮动物、节肢动物、环节动物、软体动物、鱼类、两栖动物和鸟类等门类，其中鱼类、两栖动物、爬行动物、鸟类和哺乳动物都是脊椎动物，其他属于无脊椎动物；植物还包括藻类植物和苔藓植物。

"圈"起来的生物家庭

在了解了关于"生物"的一些基础知识后，相信聪明的你一定会发现，生物的生存是需要一定环境条件的。

比如，小鱼需要生活在水中，企鹅需要生活在寒冷的南极，猴子离不开茂密的森林……地球上的所有生物，和它们生存所需的环境合在一起就叫作"生物圈"。

生物圈是地球上最大的生态系统，包含着很多不同的生态系统，例如森林生态系统、草原生态系统、城市生态系统、农田生态系统等。

森林生态系统

森林生态系统分布在较湿润的地区，可以起到涵养水源、保持水土、调节气候、净化空气等重要作用。

这里温暖湿润，非常适合生物生存。因此，森林生态系统中动植物种类繁多，生机勃勃。

地球不同的纬度，就有不同的气候，因此各地的森林也有所不同。越往地球两极，温度越低，树叶越小，例如常见的针叶植物松树。相反，越往赤道附近，气温越高，生长在那里的大多是有着大叶片的阔叶植物，例如白玉兰、龟背竹等。

位于南美洲的亚马孙热带雨林，是地球上最大的森林生态系统，被称为"地球之肺""绿色心脏"。

亚马孙雨林靠近赤道，雨量丰沛，加上安第斯山脉流出的雪水，一年中的大部分时间里，亚马孙雨林都淹没在洪水中。但也正因为如此，亚马孙雨林拥有丰富的淡水资源，养育了超过10万种生物……然而这只是亚马孙雨林隐藏的"小秘密"，还有更多、更隐秘的资源在等待人们的发现……

在这儿，色彩绚丽的金刚鹦鹉与忠贞不贰的伴侣比翼双飞；酷似浣熊、爱吃花蜜和水果的蜜熊在自由嬉戏；琉璃般的透明蛙静静地藏在密林深处……这些美丽的、犹如奇迹般的小生命点缀了辽阔的地球，是我们弥足珍贵的宝藏。

草原生态系统

和森林生态系统不同，草原生态系统大多分布在降水较少，较为干旱的地区。

由于缺乏雨水的滋养，草原生态系统中缺少高大的植物。生命力顽强的草本植物、食草动物及一些微生物，成了构筑草原生态系统的主力军。

大草原能够保持水土、防风固沙，为生物提供较好的生活环境。

"天苍苍、野茫茫，风吹草低见牛羊"描述的就是壮观的大草原。

喜欢挖洞的土拨鼠、珍稀的哺乳动物藏羚羊、高傲的骏马等，都快乐地生活在大草原上。

可由于人们过度放牧，还有蝗虫等灾害的威胁，草原的面积正在逐渐缩小。为了不让那些可爱的动物失去家园，保护草原，刻不容缓！

Tips

草本植物 草本植物指的是茎秆支持力较弱，生命周期较短的植物。它们通常比较矮小，贴着地面生长，大多数在寒冷的冬天会死去。

海洋生态系统

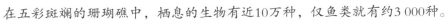

蔚蓝色的大海就是一个巨大的生态系统。

大海为海洋生物提供了赖以生存的家园，海洋中的植物每年可以吸收大量二氧化碳，为地球提供约70%的氧气！可以说，我们每一个人都生活在海洋的庇护中。

在五彩斑斓的珊瑚礁中，栖息的生物有近10万种，仅鱼类就有约3 000种。

珊瑚礁里有那样的软体动物、螃蟹那样的甲壳类动物、海星那样的棘皮动物，还有小丑鱼等可爱的鱼类。这些小动物在海洋生态系统中通常都是被捕食的对象，而珊瑚礁错综复杂的环境，对它们来说正是天然的"安全小屋"。所以，它们都喜爱生活在珊瑚礁这座天然"城堡"中。

Tips

海兔 海兔不是兔，是一种贝类。它的头上有两对突出的触角，因此得名"海兔"。海兔栖息在海底，是一种雌雄同体的动物，而且是科学家发现的一种可生成叶绿素的动物。

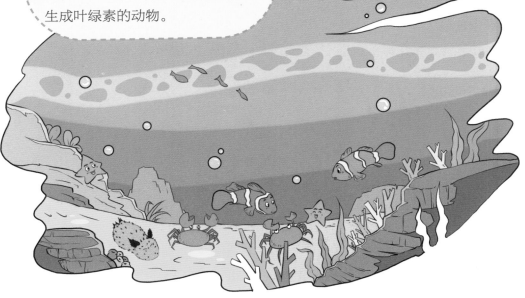

淡水生态系统

　　淡水生态系统较为分散，由河流生态系统、湖泊生态系统和池塘淡水生态系统等组成，一个小小的水系就是一个完整的小型生态系统。

　　"水是生命之源"这句话很好地诠释了水对生物的重要程度。在地球上，无论是动物还是植物，都离不开水，有了水，生物才能安定地生存下去。

　　河流、湖泊存在的位置不同，所处的环境不同，生活在其中的生物也不尽相同。

　　例如，主要分布在非洲尼罗河流域的尼罗鳄，体型巨大、性情凶猛，羚羊、斑马和水牛这样的大型哺乳动物，都是它们的盘中餐！尼罗鳄有时还会袭击人类，堪称尼罗河中的霸主！

　　可同样生活在淡水中，只在我国长江流域分布的濒危动物扬子鳄，却和尼罗鳄大相径庭。扬子鳄以江水中的鱼虾、昆虫为食，是一种体型较小、性格温驯的鳄鱼。

城市生态系统

城市生态系统非常特殊。在这里，人类是主要的消费者，所有动物、植物的生存都由人类做主，城市系统也是为了方便人类生活而建造的。

这也造成了城市生态系统中动植物种类很少，生物多样性难以维持，城市荒漠化屡见不鲜。

由于人类活动排出大量的废气、废水和垃圾，城市的生态遭受到了很大破坏，极易产生生态问题。

但也有一些适应性强的生物，找到了与人类和城市的共生之道。

例如，本该打洞安家的老鼠，住进了城市下水道和地下交通枢纽，它们也不再忙着"偷窃"人们保存的粮食，而是学会了在垃圾桶中寻找残羹剩饭，以此为生。

食物链

你肯定听过这样一句话："大鱼吃小鱼，小鱼吃小虾，小虾吃泥巴。"其实，这就是一条小小的食物链。当然，小虾吃的不是泥巴，而是泥巴中藏着的微生物。

所有的生物，包括人类，都是食物链中的一员，食物链也是保持生态平衡的重要自然法则。

每次看到老鹰捕捉兔子，老虎捕捉小鹿的时候，你是不是会希望兔子和小鹿赶快逃走，不要被可怕的食肉动物捕捉到？

但这就是大自然的食物链。

假如大草原上的狼、狐狸等食肉动物数量减少，被捕食的食草动物就会因为缺少天敌而快速繁衍，大量的羊、兔子等动物啃食青草，草原就会受到严重危害。如果草原变成荒漠，又会改变气候和环境，导致大批生物迁徙甚至灭绝，为当地的生态环境带来不可估量的后果。

因此，保证食物链的平衡极为重要。

显微镜下的世界

生物体是由细胞构成的，细胞是构成生物体的基本单位。不论动物还是植物，甚至微生物（除了病毒），都是由细胞构成的。

然而，细胞非常小，小到必须借助显微镜才能看到它们。显微镜下的细胞，到底是什么样子的呢？我们一起来探索吧！

植物细胞

植物细胞可以帮助植物维持生命活动。

植物细胞的最外层是一层较薄的细胞壁，可以保护细胞不受外界的伤害。紧挨着细胞壁的，是更薄的一层膜，叫作细胞膜。细胞中还有一个近似球形的细胞核。细胞膜内、细胞核外半透明的胶状物质就是细胞质。

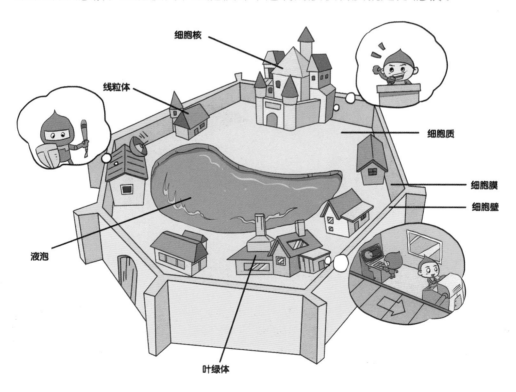

细胞核

线粒体

细胞质

细胞膜

细胞壁

液泡

叶绿体

小草为什么是绿色的呢?

这是因为,在小草的细胞中,含有叶绿体,而叶绿体中又含有绿色的叶绿素,所以,小草看起来就是绿色的。

叶绿体是绿色植物进行光合作用的场所,就像一间厨房一样,为植物提供源源不断的营养。

Tips

细胞核　生物体的绝大部分遗传信息就隐藏在这里。

细胞质　植物的细胞质中含有充满液体的液泡,液泡里有很多物质。水蜜桃之所以香甜多汁,就是因为液泡中含有较多的糖分。另外,细胞质还可以为植物生长提供能量。

液泡

动物细胞

和植物一样，动物也是由细胞构成的，但动物细胞的结构和植物细胞并不相同。

动物细胞由细胞膜、细胞质和细胞核构成，和植物细胞相比，缺少了最外层结实的细胞壁。因此，动物细胞比植物细胞脆弱，对环境的适应性也不强。

在细胞膜的看管下，细胞外的物质，要经过细胞膜的严格筛选——只有对细胞生活有益的物质才能被放进来，有害物质是不能通过细胞膜进入细胞的。而且细胞在生活过程中产生的废料，也是通过细胞膜排出去的。所以，细胞膜是细胞重要的健康卫士！

通过大量实验，美国科学家彼得·阿格雷发现细胞膜上有一种特殊蛋白，这种蛋白上有一个小孔，而水分子正是通过这个小孔进出细胞的！这就是细胞膜水通道。

 ## 细胞的运作

每一个细胞都像一座小小的工厂，外界的物质透过细胞膜进入细胞，再经过细胞工厂的加工，变成营养物质为生物体提供生长所需的能量。

细胞的分裂

生物体生长的过程就是细胞不断分裂的结果。

细胞的分裂是从细胞核开始的，当最初的那个细胞核完整地分裂成两个之后，细胞质也会分成两份，每份各包裹住一个新的细胞核。

之后，植物细胞会在两团细胞质中间，生长出新的细胞膜和细胞壁，完成分裂。

动物细胞则有所不同，它的细胞膜会从两团细胞质中间向内持续凹陷，直到两侧的细胞膜相接，才会分裂成两个完整的新细胞。

植物细胞分裂

动物细胞分裂

正常的细胞会按照自然规则完成分裂。

可有一种特殊的细胞很不听话，它们就像不受控制的野马一样，不断入侵其他健康细胞，迫使其成为自己的"同伙"，再疯狂分裂繁殖，对人类造成严重的伤害，这就是——癌细胞。

生命的起源

生命究竟是怎样产生的呢？目前学界仍无法给出确切的答案。

但我们已经知道了，地球上最早的生物大约在距今30多亿年前形成，原核生物是最原始的生物，它们都是单细胞生物，细菌和蓝藻是典型的代表。后来又经过漫长的演化，出现了复杂的多细胞生物，植物、动物等各种不同的生命体慢慢出现了……

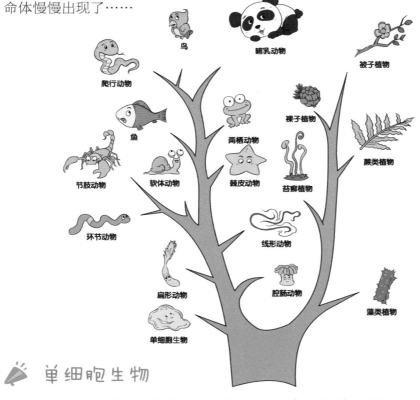

🔈 **单细胞生物**

顾名思义，单细胞生物就是只由一个细胞组成的生物。

可因为单细胞生物太过于脆弱，对外部伤害的防御力太低，所以，它们只能生活在温暖、潮湿的地方，或者干脆寄生在别的生物体上。

"麻雀虽小，五脏俱全"，单细胞生物虽然只有一个细胞，可就在这唯一的细胞中，各种精密的结构互相配合，组成了一个功能完整的生命体。

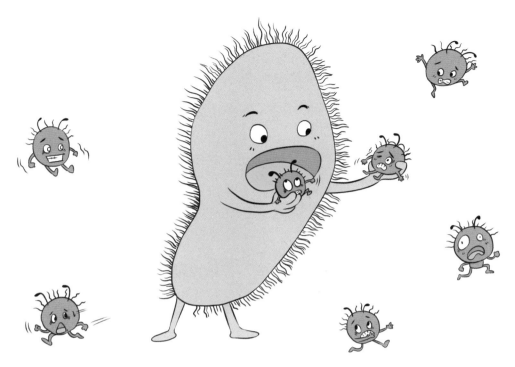

单细胞生物看起来很不起眼，却和人们的生活紧密相关。

比如生活在水中的草履虫，它们的寿命只有1~5天，身体小到只能用显微镜才能看到，可它们却帮了人类很多大忙。

草履虫喜欢生活在池塘这类水流很弱的地方，因为这儿有它们最爱吃的细菌，一个草履虫一天能吃大约4万个细菌，水质因此得到了净化。

草履虫在医学上也有应用，可以作为研究细胞遗传的材料，还能帮助检测病人是否患有某些癌症。

你看，小小的单细胞生物，也是人类的好帮手呢！

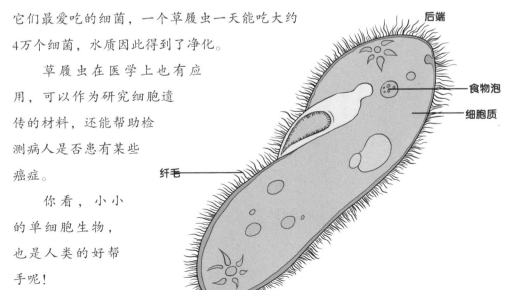

后端

食物泡

细胞质

纤毛

前端

海洋生物的出现

虽然，生命究竟起源于何处仍没有定论，但目前，科学家们普遍认为，海洋是生命的发源地。

在30多亿年前，海洋中出现了原始的生命（结构和细菌很相似），很久之后，它们逐渐演化成了藻类，这应该就是最早的生命了。这些藻类进行光合作用和呼吸作用，产生了氧气和二氧化碳。又经过亿万年的演化后，海绵、三叶虫、鹦鹉螺等生物出现了，海洋里的生命变得越来越多，海洋越来越热闹了。

你知道吗？直到今天，鹦鹉螺仍旧生活在大海中。

在过去的几亿年里，鹦鹉螺没有发生太大的改变，因此，它们对于研究生物进化有着重大意义，鹦鹉螺还被称为海洋里的"活化石"。这种比恐龙还要古老的物种在海底缓慢爬行，安静地生活着。

陆地上也有生命了

根据生命起源于海洋这一理论，科学家们提出了陆生生物起源的可能。

由于月亮引发了潮汐，退潮时，那些生活在浅海区的生物就有可能会暴露在海滩上，这为它们"上岸"打下了基础。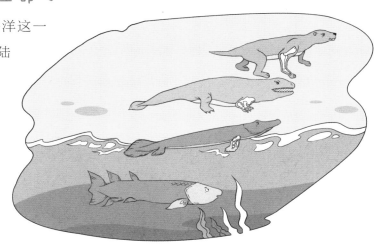再加上地壳运动，许多海底上升成为地面，海底生物"被迫"从海中搬到了陆地。就这样，陆生生物出现了。

最早在陆地上称霸的植物是裸蕨，它们大约有1米高，无根无叶，可能是某些蕨类植物的祖先。

在泥盆纪后期，由于剧烈的环境变化，发生了一次生物大灭绝，有75%的生物种类都消失了，幸存下来的那些物种，成为当时的地球霸主。

人类的诞生

又是几亿年过去了，动物的种类越来越丰富，根据"进化论"学说，现在人们普遍认为，森林古猿是人类的祖先。

在1 000万至2 000万年前，地球上的气候和地貌发生了巨大的变化。森林大幅减少，生活在树上的森林古猿不得不走下大树，来到地面。

在东非大裂谷地带，科学家们发掘出了很多古人类化石。这些化石表明当时的古人类已经初步具备了直立行走的特征，比如下肢骨更粗壮。

其中，一具女性骨骼化石格外引人注目。她的脑容量虽然和猿更加接近，但她的肢体却更像人类，这说明她生活在从猿进化到人的时期，证实了进化论学说。为了纪念这项伟大的发现，科学家们不仅给她取了一个好听的名字，叫作"露西"，还尊称她为"人类的祖母"。

进化论　这是针对物种起源提出的一种假说，由英国生物学家达尔文提出。

人类的进化

　　为了适应地面生活，古人类开始尝试用双足直立行走。解放了的双手也开发出了更多的功能，例如用石块、树枝等材料制作原始工具。就这样，古人类的双手变得越来越灵活。他们开始思考用双手制作并使用工具寻找食物、建造家园。

　　慢慢地，古人类的大脑越来越发达，语言也随之出现。在与残酷的大自然斗争的过程中，古人类变得越发强大，最终，成为地球的新一任霸主。

　　1929年，考古学家裴文中在北京周口店龙骨山的一个山洞中，发掘出了第一个完整的北京猿人头盖骨化石。

　　北京猿人是群居动物，他们往往十几人或几十人一起生活在山洞中，共同寻找食物，抵御野兽的袭击，这就是最早的社会。

25

人的遗传密码

"我是从哪儿来的？"

小时候，你有没有问过爸爸妈妈这个问题呢？

也许每个人都曾困惑过，"我"是怎么来到这个世界上的，这是人类探索自我的首个问题。

现在，你已经知道人类是从森林古猿慢慢进化而来的了。那么，作为人类个体的"我"，又是从哪里来的呢？

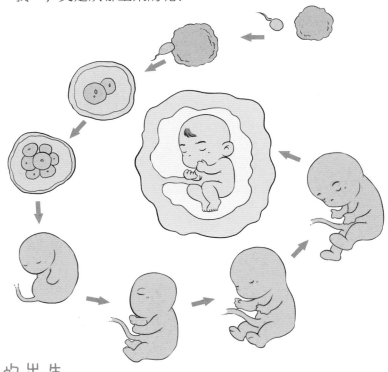

人的出生

人类的生命和大多数动物一样，是从一颗**受精卵**开始的。

男性的主要生殖器官**睾丸**会产生**精子**，而女性的主要生殖器官**卵巢**会产生**卵子**。当精子和卵子结合成功，一颗受精卵就诞生了。

卵子从卵巢中排出后，会来到输卵管中，等待精子的到来。

精子像小蝌蚪一样长着一条小尾巴，它要历尽艰辛才能完成使命——和卵子结合。

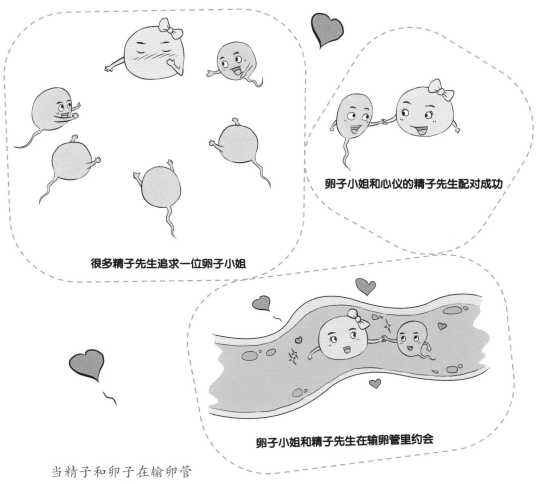

很多精子先生追求一位卵子小姐

卵子小姐和心仪的精子先生配对成功

卵子小姐和精子先生在输卵管里约会

当精子和卵子在输卵管中结合成受精卵之后，受精卵就会开始分裂，慢慢形成胚泡。

胚泡在不断的分裂中慢慢发育成胚胎——这就是我们最初的样子。这时，胚胎会顺着输卵管来到子宫。在这里，它就像一颗小小的种子扎根土壤，为日后成长为参天大树汲取营养，努力生长。

大约38周后，一个可爱的、小小的人就会从妈妈的肚子里出来，发出第一声响亮的啼哭，向世界宣告自己的到来。

这就是每一个人出生的过程。

遗传性状

人体是怎样维持一定性状不变的呢？这就要谈到"遗传"了。

每一种生物都有很多不同的性状。有些是**形态特性**，例如有的小猫毛发是黄色的，有的则是白色的。

有些是**生理特性**，例如，人类的血型有A型、B型、O型等。

有些是**行为特性**，例如，刚出生的小宝宝会不自觉地吮吸手指，有的人天生就喜欢使用左手等。

遗传维系着亲代和子代的亲密关系，这种天然联系是无法舍弃的。

现在，我们来观察一下自己和爸爸妈妈之间有哪些相同的地方，又有哪些不同的地方吧。相同的地方意味着遗传，那不同的地方，又意味着什么呢？

生物的变异

子代除了从亲代遗传相同的特性，也会出现和亲代不同的特性，这就是变异。

引起变异的原因有很多。由遗传物质发生变化引起的变异，会遗传给子代，而由环境引起的、没有影响到遗传物质的变异则不会遗传给子代。

利用生物遗传变异的特性，可以培育出很多优秀的生物新品种。

伟大的农业学家、"杂交水稻之父"——袁隆平利用生物遗传变异的特性成功培育出了杂交水稻，极大地提高了水稻产量。

遗传物质　能够在亲代和子代之间传递遗传信息。孩子长得像父母、口味像父母、行为举止也像父母，这就是遗传物质在发挥作用。但遗传物质并不是一味地自我复制，而是会在一定范围内进行变异，使得种群有足够多的遗传类型，既能保持群体的一致性，又能突出个体的独特性。这就是神奇的遗传物质。

🎉 基因是什么？

基因是存在于DNA分子中，具有遗传效应的DNA片段，是传递遗传物质的基本单位。

大多数DNA分子携带着基因有规律地存在于细胞核内的染色体上。

人的体细胞中有23对染色体，其中22对是常染色体，1对是性染色体，雄性这对染色体为XY，雌性为XX。

当运用先进的科学技术把一段基因植入另一生物的基因中时，该生物的遗传物质就会发生变化，可能会出现被植入的基因性状，这就是转基因技术。通过这项技术人们培育出了转基因蔬菜、转基因大豆等，转基因植物一般都具有某项优势特性，比如抗除草剂、抗旱抗冻等。

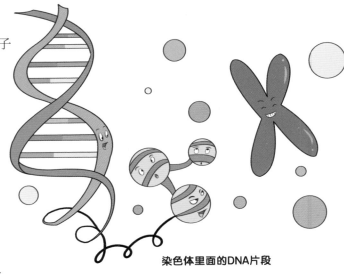

染色体里面的DNA片段

Tips

DNA分子　隐藏在细胞核中的重要遗传物质，它的外表看起来就像一条螺旋状的梯子。

DNA片段　DNA分子中隐藏着具有遗传功能的片段，每一个片段都有不同的功能，有些决定了你头发的颜色，有些决定了你瞳孔的颜色……

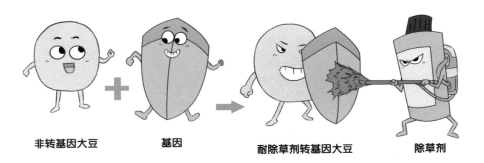

非转基因大豆	**基因**	**耐除草剂转基因大豆**	**除草剂**

身体是一个大公司

构成人体的基础是细胞，细胞分化后，会形成组织和器官，组织和器官又组成人体中的多个系统。

这些系统就像一家公司的不同部门一样，兢兢业业，紧密合作，认真运行，维持着人体的生命活动。假如这些系统"罢工"，人体的生命安全就会受到严重的威胁！

 细胞分化

受精卵是人体的第一个细胞。最初，它会不断分裂成相同的细胞。后来，这些细胞开始慢慢地出现了变化，和分裂前的细胞相比，不管是形态还是结构都不一样了，这就是细胞的分化。

形成生命时，最初的细胞可以说是"全能型选手"，什么活儿都能干，"一人身兼数职"。

但完成分化之后，细胞们就不再是无敌的全能型选手，而是"术业有专攻"的专业型"人才"了。细胞们各司其职，一同守护着我们的身体。

细胞与组织

分化后的细胞面临着更大的挑战。

它们需要找到和自己结构、功能、形态一样的细胞，集合在一起，组成一个又一个细胞群，执行任务。

这些细胞群就是组织。各种组织汇聚在一起，最终形成完整的人体。

不同的细胞会组成不同的组织。

比如，人体的上皮细胞会组成皮肤和口腔、尿道等腔道的表层，保护人体不被细菌侵入。肌肉细胞因为具有会收缩的特点，承担了运动这一重要功能，跑步、跳跃、呼吸等功能都是依靠肌肉细胞完成的。

 ## 消化系统

消化系统是人体用来消化食物、吸收营养的系统，包括消化道和消化腺。

食物在人体中的旅行就像一场单程冒险。

在口腔中经过牙齿的研磨后，食物会和唾液充分混合，再经由食道进入胃。

在胃里，食物会被进一步磨碎，和胃液混合形成稠稠的粥状物。

接下来，食物要去负责吸收营养的小肠那里。小肠的消化液可以消化掉糖、脂肪和蛋白质，把食物转化成人体可以吸收的小分子有机物。小肠很长，有足够的时间来吸收这些营养。

当食物离开小肠，来到大肠时，就只剩下很少的营养了。大肠会把食物中残留的水和维生素等营养吸收。最后，食物残渣通过肛门排到体外。

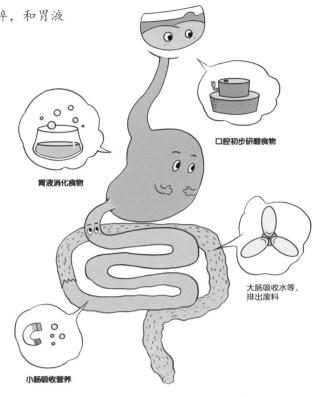

口腔初步研磨食物

胃液消化食物

大肠吸收水等，排出废料

小肠吸收营养

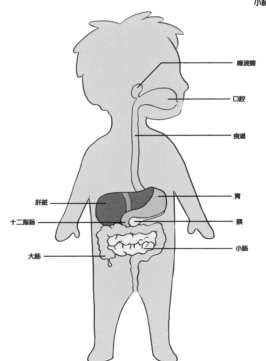

睡液腺

口腔

食道

肝脏

十二指肠

大肠

胃

胰

小肠

🎺 呼吸系统

呼吸系统是人体和外界进行气体交换（吸入氧气，排出二氧化碳等废气）的系统，包括呼吸道和肺。

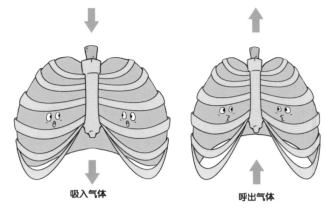

吸入气体　　**呼出气体**

呼吸系统还承担着保持气体温度、湿度，排出细菌、病毒等有害物质的重任。

人一分钟大约需要呼吸16次。

当你吸气时，胸腔的肌肉就会收缩，胸腔扩张，肺也随之增大，以便吸入更多气体。呼气时，胸腔的肌肉放松，胸腔收缩，肺随之缩小，气体就会排出体外。

肺里有大量肺泡，肺泡上密布着毛细血管。氧气可以渗入肺泡壁和毛细血管被人体吸收；同时，血液中的二氧化碳也会通过肺泡壁和毛细血管渗出，随着呼气排出体外。这就是呼吸的过程。

> **呼吸道**　　包括鼻、咽、喉、气管和支气管。
>
> **肺**　　分为左肺和右肺。其中，左肺有两叶，右肺有三叶。
>
> **Tips**

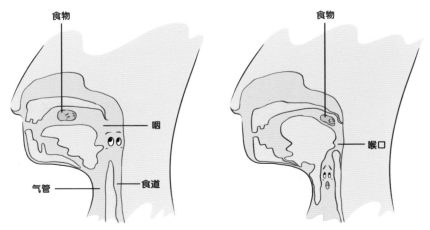

由图可见吞咽时是无法呼吸的，如果一边吞咽一边呼吸，很容易使异物进入气管

34

神经系统

神经系统可以帮助人体对外界进行感知，并协调身体做出适合的反应。

脑、脊髓和它们发出的遍布全身的神经构成了神经系统，其中，脑和脊髓是神经系统的中枢。

当你的手触碰到热锅时，是不是会马上缩回来呢？这一连串简单的动作背后，却有着神经系统复杂、精密的操纵。

神经系统是如何帮你躲开这次危机的呢？

皮肤中的感受器将"烫"这一"紧急状况"传递给传入神经，传入神经会立刻把这一信号送到位于脊髓的神经元，神经元下达"缩手"这一指令给传出神经，接到指令的传出神经，会用最短的时间将指令传达给手指上的效应器，效应器控制手指缩回。就这样，你完美地完成了一次"紧急避险"。

神经系统非常重要，一旦出现问题，就会带来很大的麻烦。有一种神经系统疾病叫作"阿尔茨海默症"。这种病多发生在老年人身上。得了这种病的患者，会产生意识障碍，对时间、空间的感知度都会下降，甚至连人格都会改变。当我们遇到"阿尔茨海默症"的患者时，不要嘲笑他们，要用更多的耐心去关爱他们，让患者感受到爱和善意，这对治疗该病有很大的好处。

Tips

感受器 分布在皮肤、视觉器官和听觉器官等位置，是感觉神经元周围突起的末梢。在受到刺激时，感受器可以把刺激转化成神经冲动，传递给神经。感受器的构造不同，能感知的刺激也不同，每一种感受器都只能接受一种刺激（例如冷或热）。

神经元 也叫神经细胞。神经细胞上会有很多短小的突起，叫作树突，它们可以接收信息；另外，神经细胞上还会有一条较长的突起，叫作轴突，可以发出消息。

效应器 传出神经末梢和被它控制的肌肉及腺体，统称为效应器。效应器可以将神经冲动转化为人体活动。

心血管系统由心脏、动脉、静脉和毛细血管组成。

这是一条密闭的循环通道，跳动的心脏通过动脉，将血液送到身体的各个部分；血液再通过静脉，从身体的各部分回到心脏；毛细血管就是连通最小动脉和静脉的桥梁。

通过遍布全身的血管，血液将氧气和养分输送到身体各处，同时将废物运送到排泄器官，维持人体的生命活动。

心脏跳动时血液的流动图

血液是由血浆和血细胞构成的，它们流淌在动脉、静脉和毛细血管中。

血浆里90%都是水，其余的是从消化道吸收来的营养成分、细胞排出的代谢废物，以及用于凝血和抵御疾病的血浆蛋白。

血细胞包括红细胞、白细胞和血小板。红细胞可以运输氧气，它们的生命周期很短暂，一般只能生存120天左右，不过不用担心，因为骨髓可以源源不断地产生新的红细胞。

白细胞是人体的"卫士"，当有病菌入侵人体时，白细胞就会集中到病菌入侵的部位，与病菌作斗争，把它们包围、消灭掉。如果战斗过于激烈，白细胞的数量就会过高，这个时候身体就会出现炎症，有时还会发热。

血小板是最小的血细胞，当人体因为受伤而流血时，如果伤得不严重，很快就会止血，这就是血小板的功劳。它们会聚集到伤口处，形成凝血块把伤口堵住。所以当伤口处结痂时，千万不要去抓挠噢，不然血小板就白忙活了。

 免疫系统

免疫系统由免疫器官、免疫细胞和免疫分子组成。

免疫系统可以及时发现外界入侵人体的细菌、病毒等病原体，并对其进行清除，维持人体内部环境的稳定，守护人体的平安健康。

人体中有三道防线，这三道防线保护着我们不被外界病原体伤害。

第一道防线是由皮肤和黏膜组成的。皮肤可以阻挡病菌入侵，黏膜不仅起阻挡作用，还能分泌出能够杀菌的分泌物（例如胃酸）。

第二道防线是人出生就具有的"先天性免疫"，也叫"非特异性免疫"，主要是体液中的杀菌物质和吞噬细胞。先天性免疫非常全面，对各种病原体都有防御作用。

第三道防线是人体在后天建立的"后天性免疫"，也叫"特异性免疫"。顾名思义，这是一种有针对性和特殊性的免疫功能，通常在接触过某一病原体后才能建立。接种疫苗就是一种建立特异性免疫的手段。

Tips

免疫器官　包括骨髓、胸腺、扁桃体、脾、淋巴结等。

免疫细胞　包括淋巴细胞、吞噬细胞等。

免疫分子　包括免疫球蛋白（可以阻止细菌、病毒的入侵）、细胞因子（可以促进造血，提高免疫力）等。

动物生长之旅

丑丑的毛毛虫会蜕变成美丽的蝴蝶；只有一条尾巴的小蝌蚪会长成四条腿的青蛙……

不同的动物经历的生长过程不同，现在，我们就一起来了解一下吧！

 ## 昆虫的生长

昆虫的幼体和成体差异较大，不论是形状结构还是生活习性，都有很大区别，这种特殊的发育过程被称为"变态发育"。

一些昆虫的发育过程是"完全变态发育"，它们要经历卵、幼虫、蛹、成虫四个成长阶段。

还有一些昆虫的发育过程是"不完全变态发育"，有卵、若虫、成虫三个成长时期。

昆虫是无脊椎动物，身体分为头、胸、腹三个部分，头部有触角，身上有翅膀。它们的身体里没有脊椎那样的骨骼，起支撑作用的是体表的一层硬质外壳。所以，当昆虫发育长大时，就需要脱掉已经失去弹性的外壳。

成虫

蜕皮阶段

蝉的幼虫一般要在地下生活2~3年才能爬出地面，长出翅膀；会吐丝的蚕宝宝从蚕茧中爬出来时，变成了一只大蛾子；躺在蜂巢中，白白胖胖的幼虫会发育成勤劳的小蜜蜂……这些都是昆虫的变态发育。

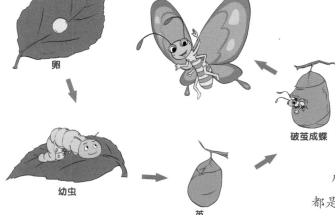

卵

幼虫

蛹

破茧成蝶

两栖动物的生长

两栖动物是一种幼体在水中生活，成体在陆地生活的特殊动物。和昆虫一样，两栖动物的生长过程也要经历变态发育。

小蝌蚪是生活在水中的，它们没有四肢，也没有肺，长着鳃和一条用来游泳的尾巴。在生长过程中，蝌蚪会慢慢长出四肢，它的腮和尾巴也会逐渐消失，变成用肺呼吸的两栖类动物——蛙。

这就是蛙类的变态发育过程。

鸟类的生长

鸟类的一生有三个阶段：卵、雏鸟、成鸟。

鸟的卵有坚硬的外壳，可以起保护作用，蛋黄和蛋白可以提供能量，有了这两点保证，胚胎才能顺利孵化。

一个正常的鸟蛋，包含蛋黄、蛋白和蛋壳。蛋黄里含有丰富的营养物质，可以保证胚胎的生长。在蛋黄上，有一个小白点，叫作"胚盘"，鸟类胚胎就是从这里开始发育的。包裹蛋黄的蛋白可以给胚胎提供水分和少量营养物质。最外层的蛋壳保护着脆弱的胚胎不受外界伤害，为了保证胚胎能够获取足够的氧气，卵壳上还有很多看不见的、细小的通风孔。

哺乳动物大多是胎生。一般先在体内形成受精卵，发育成胚胎，再经过一段时间的孕育，胎儿就会降生在世界上。

刚出生的哺乳动物幼崽非常脆弱，需要依赖母亲的保护而生存，母亲也会分泌乳汁来喂养幼崽，也就是哺乳。

鸭嘴兽是非常特别的一种哺乳动物。

小鸭嘴兽需要依靠母亲的乳汁生活，可它们却不是胎生动物，而是卵生动物。除此之外，雄性鸭嘴兽的后肢还长有一根可以分泌毒液的刺！

鸭嘴兽同时集卵生动物、哺乳动物和有毒动物于一身，可谓大自然中的一朵奇葩。

动物的行为

大雁南飞、鲟鱼洄游；警犬会追踪气味；织布鸟会用树枝编织出分区明确的漂亮鸟巢；羚羊喜爱边跳跃边奔跑，这些都是动物的行为。

这些行为，有的是基因遗传，有的得益于后天的认真训练。那么，该怎样区别这些行为呢？

动物的先天性行为

动物生来就有的，由自身遗传物质所决定的行为，就是先天性行为。

动物的猎食、睡眠、防御和攻击等行为都是先天性行为。先天性行为可以使动物更好地适应环境，保证种群的延续。

饿了要觅食，渴了要喝水，这是动物的取食行为。

遇到老虎这样的"猎手"，兔子、田鼠那样的"猎物"们就会躲藏起来，这是动物的防御行为。

　　一些鸟类会根据季节的交替，定期沿着较为稳定的路线，在繁殖地和越冬地来回往返。虽然迁徙的路程遥远，中间还可能会发生很多未知的危险，但鸟儿们仍不放弃。除了鸟，大马哈鱼和中华鲟都会洄游，海豹和鲸也会迁徙。

　　小袋鼠刚出生时就会爬到妈妈的育儿袋里；刚生了小猫的猫妈妈会保护小猫，不许其他动物靠近小窝；帝企鹅爸爸为了孵蛋，会在冰面上足足站立数个月……这些都是动物的先天性行为，在本能的驱使下，动物们才能在严酷的大自然中生存下来，繁衍生息。

　　你听过乌鸦喝水的故事吗？聪明的乌鸦口渴了，它找到了半瓶水，可瓶子太深，它怎么也喝不到。于是，它想出了一个好办法，那就是不断地朝瓶子里扔石子，直到水面升到它能喝到为止。在这个故事里，乌鸦的哪个行为是先天性行为呢？

动物的学习行为

在基因因素的基础上，通过环境因素的作用，由生活经验和学习而获得的行为，就是动物的学习行为。

一般来说，越高等的动物，它的学习能力越强，行为也越复杂。

1971年，一只名叫"可可"的大猩猩在美国的旧金山动物园出生了。

可可是一只非常聪明的大猩猩，通过人类的帮助，它掌握了1 000多个手语词汇，能听懂2 000多个英语单词，可以用手语和人类交流，还成了很多人的好朋友。

说说看，可可用手语和人类交流的这一行为，是动物的哪种行为呢？还有在上一节讲到的"乌鸦喝水"的故事中，乌鸦朝瓶子里扔石头的行为，又是动物的哪种行为呢？

动物的社会行为

具有社会行为的动物，往往具有几个共同点：成员间**分工明确**；群体内部会**形成一定的组织**；有些群体还会**分有等级**。

蚂蚁是一种具有社会行为的动物。它们喜爱群居，住在潮湿阴暗的地下。

在蚁群中，分为蚁后、工蚁、雄蚁和兵蚁，蚁后负责繁衍。蚂蚁们是了不起的建筑师，它们能在土壤中建造出庞大而又复杂，犹如宫殿般的巢穴！巢穴中有育儿室、储藏室、休息室等各种不同功能的"房间"，为蚂蚁们的生活提供了很大的便利。

它们还会一起照顾幼体，幼体长大后，也会照顾年老的蚂蚁，互相帮助，共同生活。

兰花螳螂因为长得和兰花非常相似，所以拥有强大的伪装能力，这种能力既可以帮它迷惑敌人，远离危险，又可以帮它隐藏自己，提高捕猎的成功率。另外，变色龙可以根据环境改变身体的颜色来保护自己，黄鼠狼和臭鼬在遇到危险时，都会放出"臭屁"帮自己逃命……这些都是动物独特而有趣的行为。

植物的器官

你知道吗？植物和动物一样，也有很多不同的器官。

总体来说，植物的器官分为两大类：一类是营养器官，一类是生殖器官。它们的根、茎、叶、花、果都是器官，这些器官都有怎样的结构和作用呢？我们一起去了解一下吧！

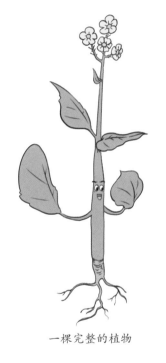

一棵完整的植物

果实

种子

花

茎

根

叶

根

根是植物的营养器官。

多数植物的根都位于地下，方便吸收水和无机盐等营养，还具有合成和贮存有机质、固定植株等作用。

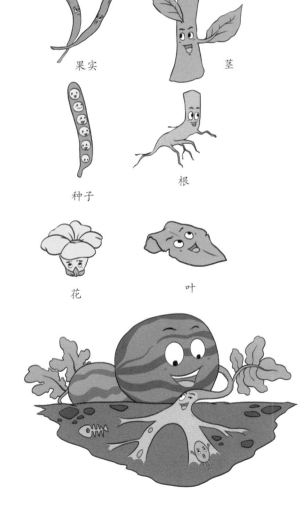

有些植物为了适应环境，还生长出了变态根，例如气生根，气生根又分为支柱根、攀缘根和呼吸根。

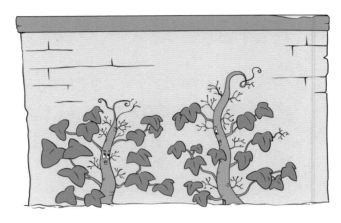

榕树之所以能"一木成林"，就是因为它会生长出大量支柱根，这些根从枝干伸出，又扎进土壤，成为一根根有力的"臂膀"，支撑起了榕树庞大的身躯。

常春藤的根能够像蜘蛛吐丝一样分泌黏液，从而攀附在墙壁上。这些从茎藤上长出来的攀缘根可以帮助纤弱的茎秆向上生长，在墙壁和房屋上攀缘而上，形成一片绿荫。

红树生长在浅海岸，土壤中缺乏氧气。为了能呼吸到更多的空气，它们发育出了向上生长、伸出水面的呼吸根。

茎

茎也是植物的一种营养器官。

茎可以无限生长，分出**侧枝和叶**。位于根和叶之间的茎可以**贮存和输送营养、支撑植株、进行光合作用**，有些植物的茎还可以进行**繁殖**。

很多植物的茎都可以生长出根，例如我们常吃的番茄、一年三季都会开花的月季、晶莹剔透的葡萄，都可以通过扦插来进行无性繁殖。

将健康、粗壮的番茄茎插入干净的水中，放在散射光下，耐心等待几天，番茄茎就会长出白色的根。这时，再把番茄茎插入土壤中，适时浇水施肥，番茄茎就能慢慢生长成一棵新的植株了！

植物的茎有直立茎、缠绕茎、攀缘茎、平卧茎和匍匐茎五种。

大多数植物的茎都是直立茎，也就是直立生长在地面上的茎。直立茎分为草质茎和木质茎，例如，辣椒就是草质茎，而柳树则是木质茎。

缠绕茎又细又软，单靠自己是立不起来的，必须缠绕在其他物体上才能向上生长。像牵牛花、忍冬和紫藤都是缠绕茎。

攀缘茎虽然也非常细软，但它们能生长出像"手"一样的器官，帮助自己向上"爬"。爬山虎有吸盘，丝瓜有卷须，它们都是植物界的"攀缘"高手。

平卧茎很是随性，拥有平卧茎的植物并不急着向上生长，而是"懒散"地平躺在地面上，向四周蔓延。地锦就是其中的代表。

匍匐茎比平卧茎多了一些不定根，可以将茎固定在地面上。草莓的茎就是匍匐茎。

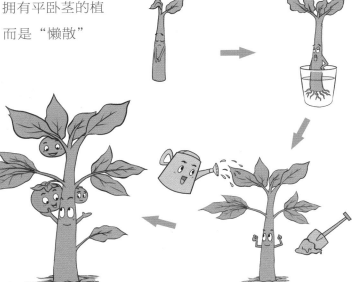

叶

叶也是植物的一种营养器官，完全叶由叶片、叶柄和托叶组成，并不全具有这三部分的叶是不完全叶，比如丁香的叶没有托叶，就是不完全叶。

叶片的主要功能是进行光合作用和蒸腾作用。不同植物的叶形态各有不同，差异很大。

Tips

　　蒸腾作用　　是水分从植物表面蒸发到空气中的过程。蒸腾作用可以促进植株的吸水能力，还能湿润空气，提高降水率。

　　葡萄糖　　是一种有机物，葡萄糖可以为生命提供大量能量，是生物不可或缺的养分。

你一定发现了，叶子有很多颜色。秋天，枫树的绿叶会变成艳丽的红色，在蓝天的衬托下，就像绽放在山野间的一团火焰，绚烂夺目。

为什么枫叶在秋天会变红呢？

你已经知道了叶子是因为含有叶绿素才是绿色的，当在环境的影响下，叶片中的叶绿素含量减少，其他物质含量增多时，叶子的颜色就会发生改变。

枫叶变红是因为秋天气温降低，植株的输送能力变弱，叶子合成的葡萄糖不能及时送出，只能储存在叶子中，时间长了，葡萄糖变成花青素，叶子就由绿转红，成了美丽的红枫叶。

花

花是被子植物特有的一种生殖器官，由花柄、花托、萼片（保护花蕾的变形叶片）、雄蕊（包括花药、花丝）、雌蕊（包括柱头、花柱、子房）和花冠组成。

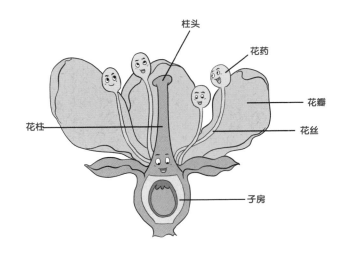

花是植物用来传粉，完成生殖过程的关键器官。

植物扎根土壤后是不可以移动的，需要异花传粉的植物该怎么吸引昆虫来帮助自己呢？

别担心，聪明的植物自有妙计！

蜂兰花把自己的花朵"伪装"成了一只雌蜂，笨笨的雄蜂看到之后，就会错把花朵当作雌蜂飞过去，沾到花粉，帮蜂兰花完成传粉。

生长在热带雨林的大王花是世界上最大的花，它另辟蹊径，选择了苍蝇等食腐昆虫作为传粉媒介。为了能吸引到苍蝇，大王花的花朵开花后，会散发出阵阵恶臭，食腐昆虫们便趋之若鹜，其他昆虫则是避而远之。

无独有偶，濒危植物巨魔芋的想法和大王花不谋而合。巨魔芋生长在印度尼西亚的苏门答腊岛，是一种体型很大的植物。它们一生只开3~4次花，花期不超过48小时，因此，这种"昙花一现"的巨大花朵非常珍贵。

巨魔芋的花会散发"尸臭"，吸引周围的食腐昆虫前来帮忙传粉。这种臭味甚至比大王花的味道还要浓烈，非常刺鼻。

果实

　　果实是被子植物的一种生殖器官，一般由**果皮**、**果肉**和**种子**组成。

　　花朵受精后，子房会迅速膨大，子房壁发育成果皮，胚珠发育成种子，最终形成果实。

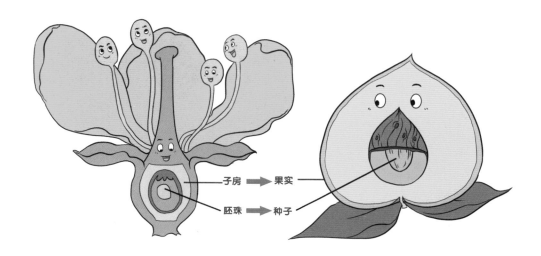

子房 ➡ 果实

胚珠 ➡ 种子

　　果实是植物器官中和人类关系最为紧密的一种。我们平时吃的小麦、大麦这些粮食是果实；苹果、橘子这些水果是果实；开心果、松子这些干果仍旧是果实。果实还可以制作成果酱、果醋、蜜饯等各种美味的食物，丰富我们的餐桌。

种子

种子是植物的一种生殖器官，由果实中的胚珠发育而来，一般包括**种皮**、**胚**和**胚乳**。有的种子只有种皮和胚。

种子表面有一层种皮，是为了保护种子里宝贵的胚。胚是植物幼体，它在种皮的保护下安静地沉睡着。有些种子有胚乳，为胚的萌发提供营养。

胚芽

种子

种子的种皮也是多种多样的。有些非常坚硬，简直就是一层薄薄的"小石头"，比如丝瓜的种皮；有些由于有结实的果皮保护，种皮变得又薄又软，比如桃子的种皮；番茄的种皮就更加独特了，是一层透明的胶状物……

种皮直接影响到种子的萌发。种皮坚硬的种子就会很难萌发，甚至需要剥掉种皮才能发芽，这类种子的休眠期也会比较长。相对的，种皮较薄的种子休眠期较短，也更容易萌发。

相信你已经初步了解了植物的六大器官，"聪明"的植物为了生存下去，会想出很多奇妙的方法，比如"爱吃肉"的猪笼草。大多数植物都需要营养器官从土壤中吸收营养，猪笼草却另辟蹊径，生长出了一种独特的器官——捕笼，用它来捕捉昆虫。捕笼的底部有可以分泌消化液的消化腺，不幸掉入笼中的虫子就会被猪笼草消化吸收，成为植株生长的营养成分。

被子植物的一生

被子植物从种下种子的那一刻开始，经历萌发、生长、发育、繁殖，到最后衰老、死亡，它的一生或许几个月就可以过完。

但被子植物的一生，真的如此简单吗？就让我们一起来看看这段平凡而又伟大的生命之旅吧！

萌发

种子的萌发需要适宜的温度、充足的水分和氧气。此外，成熟后的种子大都有一定的休眠期，休眠中的种子是不能萌发的。种子的休眠期从几周到几年不等。

温度、水分、氧气都已经到位！您随时都可以准备萌发了！

种子为什么会有休眠现象呢？因为如果生长在温带的植物在秋天以后萌发，不久冬天就会到来，幼苗在寒冷的冰雪下面，很容易被冻死。种子经过休眠，好好地睡上一觉，等到春暖花开时再醒来，就能躲过严冬，更好地繁衍后代。

当一颗成熟的种子打算萌发，它要先吸收足够的水分。等它喝得饱饱的，子叶或胚乳就会把营养物质送到胚根、胚芽和胚轴那里。

这时，胚根会率先发育，它努力地生长出根系，深深地扎进土壤里，吸收水分和养分。接着，胚芽发芽，再慢慢发育成茎和叶，胚轴则会伸长，连接幼嫩的茎秆和胚根，为植物提供一定的支撑并传递营养。

就这样，一棵小小的、幼嫩的植株破土而出。在阳光的照耀下，慢慢成长为一棵成熟的植物。

自然界里，植物们传播种子的方法有很多，其中柳絮和蒲公英的种子最喜欢"飞翔"，每年春夏之交，它们都会飘得到处都是，有时候一不小心还会飞到人们的嘴巴里、鼻子里。

生长

在生长期，植物的主要发育部分是**根和茎**。

通过细胞的分化和增大，植物的根得以生长成根系。根系深深地扎进土壤中，除了可以**吸收营养物质**外，还可以**固定植株**。刚刚萌发的新芽，也叫营养芽、叶芽，可以发育成植物的茎和叶。

植物的生长除了需要水分以外，还需要充足的含氮、磷、钾等微量元素的养料。

在植物的叶绿体中，会发生神奇的"光合作用"来为植物"充电"。

白天，植物会利用吸收的阳光，把二氧化碳和水在体内重新合成，转化为养分和氧气。吸收了这些养分，植株就能茂盛地生长。而氧气则被释放出体外，起到净化空气的作用，也为动物们提供了更好的生存环境。

生殖

被子植物的花中最重要的结构是雄蕊和雌蕊。雄蕊在成熟后会产生花粉，花粉散落到雌蕊上就能完成受精，这一过程被称为**传粉**。

植物的传粉分为**自花传粉**和**异花传粉**。

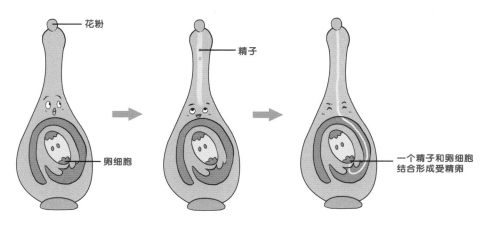

花粉

精子

卵细胞

一个精子和卵细胞
结合形成受精卵

除了需要受精的有性繁殖，有的植物为了能更好地繁衍，还拥有无性繁殖这个特殊"技能"。不需要两性生殖细胞进行结合，母体可以直接产生子代的生殖方式就是无性繁殖。

切成块的土豆可以长出新的植株，韭菜在地下的根系能长出新的子代，这些都是植物的无性繁殖。

有性繁殖产生的子代会同时兼具双亲的遗传特征，无性繁殖的子代则只具有母体的遗传特征。

Tips

自花传粉　同一朵花雄蕊花药上的花粉落到雌蕊柱头上的传粉现象，就是自花传粉。

异花传粉　不同的花朵之间依靠外力传粉，就是异花传粉。异花传粉通常需要昆虫等媒介的帮助，比如蜜蜂和蝴蝶在采食花蜜的过程中传播花粉。

细菌和真菌

细菌、真菌，名字看起来都差不多，如此相似的它们有什么区别呢？

📢 细菌

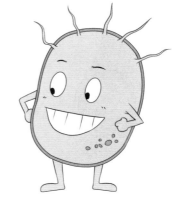

细菌是一种微生物。它们有细胞壁、细胞膜、细胞质等结构，但没有成形的细胞核。而且，细菌的个头非常小，小到无法用肉眼进行观察，必须用显微镜才能看清楚。

在自然界中，细菌能把动植物的遗体分解成二氧化碳和水等物质，为植物的生长提供养分。

很多细菌都是病原体，具有比较强的传染性，动物接触后，有可能会被感染导致生病。因此，大家都很讨厌细菌。

为了能有效杀灭细菌，科学家巴斯德创造性地发明了"巴氏消毒法"。现在，巴氏消毒法被广泛应用在制作牛奶等饮品中，巴斯德也被大家称为"微生物学之父"。

Tips

巴氏消毒法 将牛奶加热到62~66 ℃，至少保持30分钟，或者72 ℃以上至少15秒钟。杀菌效率一般可到99%。由于一部分嗜热菌及耐热性细菌不易杀死（多数是有益菌），牛乳中的酶也没有完全失活，因此，经过消毒的牛奶须立即冷却到10 ℃以下，并在此温度下保存。

细菌的种类

圆球形的细菌叫作**球菌**；像竹竿一样的杆状细菌叫作**杆菌**；像田螺尾巴一样呈螺旋状的，或者弯弯曲曲的细菌叫作**螺旋菌**。

球菌种类繁多，在人的呼吸道、眼结膜、耳道、阴道、尿道口广泛存在的葡萄球菌，能引起炎症、化脓，危害人的健康。杆菌"有好有坏"，有能让人生病的大肠杆菌，感染了它会引起急性腹泻；也有酿醋时必不可少的醋酸杆菌。

细菌的生殖

一个成熟的细菌会分裂成两个新的细菌，新的细菌在成熟之后又开始新一轮的分裂，这一过程就是细菌的生殖。

在温度等条件合适的环境下，细菌的分裂速度非常快，最快能达到每半小时分裂一次。

真菌

和细菌不同，真菌除了拥有细胞壁、细胞膜、细胞质等结构，还存在细胞核，是真核生物。

在真菌细胞组成的菌体上，有两种菌丝。一种是直立菌丝，一种是营养菌丝，这两种菌丝也是由真菌细胞组成的。

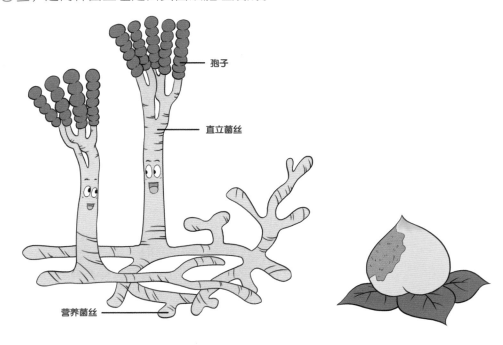

孢子

直立菌丝

营养菌丝

在生活中，你一定见到过发霉的食物。而发霉，就是食物中的真菌不断繁殖的结果。但并不是所有的真菌都会带来"破坏性"的后果。例如好吃的馒头和面包，就是由勤劳的酵母菌先将面团发酵，再由人们制作而成的。

常见的真菌有哪些

生活中较为常见的真菌有**酵母菌**、**霉菌**和**蕈**（xùn）**菌**。

酵母菌是我们在发酵时的好帮手，制作包子、酸奶都少不了它的帮忙。霉菌喜欢寄生或腐生，有些霉菌会使食物腐败变质，人吃了就会中毒，产生严重的后果。蕈菌能形成肉眼可见的大型子实体，我们爱吃的蘑菇、木耳，还有药材灵芝，都是蕈菌。

真菌的生殖

真菌是依靠**孢子**繁殖的。

真菌的直立菌丝顶端可以孕育出大量孢子，成熟后的孢子随风飘散，只要落在环境适宜的地方，每一个孢子都能发育出一个全新的个体。

珍贵中药材冬虫夏草的形成离不开真菌的帮助。

在海拔4 500米的高原草地上，蝙蝠蛾的幼虫静静地蜷缩在土壤中。虫草真菌的菌丝悄悄寄生在了幼虫体内，侵蚀幼虫的身体以汲取营养。可怜的幼虫毫无招架之力，只能默默地等待死亡的降临。最终，幼虫付出了自己的生命，虫草真菌也完成了生长发育。而真菌与虫体的结合，最终形成了冬虫夏草。

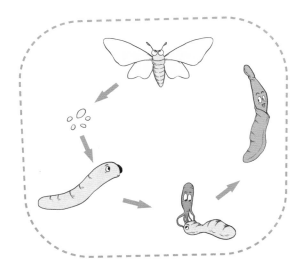

细菌和真菌的分布非常广泛。从高温的海底热泉到寒冷的极地，都有它们的身影，甚至，在动物体内也遍布着各种各样的细菌和真菌。这种与植物或动物互相依赖的生存方式，叫作"共生"。

在我们的肠道内，生活着很多细菌。

有些细菌对身体有益，例如双歧杆菌能够帮助我们分解食物，还有些细菌可以制造维生素 B_{12} 和维生素K，保证我们的健康，它们就是"益生菌"。

但有时候因为一些特殊原因，例如吃了不干净的食物，或是身体免疫力下降，一些有害细菌就会迅速繁殖，破坏肠道环境，我们就会出现肚子痛、腹泻等症状，严重的还会引起中毒。

在我们生活的环境里，遍布着细菌和真菌。它们中的一些种类会对人体产生危害，为了保护我们的健康，饭前便后要记得洗手，瓜果蔬菜也要洗干净再食用。

无所不侵的病毒

一提到病毒，大家心里总会有点忐忑。这种看不见的小东西，就像无形的杀手一样，潜伏在阴暗的角落等待入侵人体的时机。

该怎样避免病毒的侵犯呢？现在，我们先来了解一下病毒这种微生物吧！

 病毒

病毒是一种无法独立生存、必须寄生在其他生物细胞内的微生物。它们的结构非常简单，仅由外部的蛋白质外壳和内部的遗传物质组成。

病毒给人们的生活带来了很大困扰。像流感、鼠疫、狂犬病，还有新冠病毒感染，这些疾病都是人体感染了病毒之后引起的。

但我们也没必要"谈毒色变"，因为，人类已经研究出了疫苗等预防接种的生物制剂和治疗病毒感染的方法。在医疗领域，医学家们还会特意利用一些病毒入侵细胞，来达到基因治疗的效果。

蛋白质　是组成人体所有细胞的重要物质，是人体生命活动的重要参与者。可以说，没有蛋白质就没有生命。

Tips

📢 病毒的种类

病毒分为三种。分别是寄生在人体和动物细胞内的**动物病毒**、寄生在植物细胞内的**植物病毒**和寄生在细菌细胞内的**细菌病毒**（也叫噬菌体）。

脊髓灰质炎，又称小儿麻痹症，是由脊髓灰质炎病毒引起的、在儿童之间传播的急性传染病。生病的儿童会感到身体疼痛，严重时还会导致瘫痪，严重影响儿童的身体健康。

我国科学家顾方舟带领团队用了40多年的时间，成功研制出了预防脊髓灰质炎的口服疫苗"糖丸"。这一颗小小的糖丸凝聚了科学家们对孩子的爱护，它不负众望，让我国在2000年就成为了无脊髓灰质炎国家！

📢 病毒的繁殖与传播

当病毒遇到合适的活细胞时，就会立刻入侵，**利用活细胞中的物质，复制自身的遗传物质**，制造新的病毒，进行繁殖。

病毒一旦离开活细胞，就会失去活性，变成结晶体。只有当周围的环境适宜，并且遇到活细胞，病毒才会再次苏醒，开始新一轮的复制繁衍。

狡猾的病毒给人类带来了很多麻烦，但病毒并非不可战胜。

大多数病毒都怕热喜寒，我们可以将餐具等器皿放入锅中蒸煮，利用高温杀灭病毒。使用相应的消毒液也可以杀灭病毒，但在使用时要严格按照配比调配消毒液，浓度过高可能会对人体造成伤害，浓度过低又起不到消毒的作用。

保护我们的生态家园

你一定听过"保护环境，人人有责"这句话。环境与人类息息相关，只有保护好它，人类才能正常生活。

植物与水资源

绿色植物具有**蒸腾作用**，植物通过体内的导管将从地下吸收的水分运送至叶片，再以水蒸气的形式蒸发到空气中。植物越多，蒸腾作用越大，空气湿度越大，地区降水也就越多。

植物的茎、叶减轻了雨水对土地表面的冲刷，根也可以固定土壤，起到**保护水土**的作用。而落叶可以吸收大量水分，让雨水慢慢渗入地下，**补充地下水资源**。

在陕西榆林以北地区，曾经有一片4.22万平方千米的沙漠——毛乌素沙漠。千年以来，毛乌素沙漠黄沙漫漫，水土流失严重，是一片不毛之地。1959年起，人们对毛乌素沙漠开始了治理。到了今天，曾经的沙漠变成了绿洲，死气沉沉的荒原成了生机勃勃的家园，这其中，少不了植物的作用。

总长达1 500千米的4条大型防护林带挡住了西北吹来的风沙，保持了水土，使黄河每年的输沙量减少了4亿吨！足可见植物对生态的影响之大！

植物与食物链

植物的光合作用保证了自身的生长发育，也为生物圈中的其他生物提供了基本的食物来源。整个生物圈，都依赖植物而生存。

近年来逐渐兴起的生态养殖将植物和食物链诠释到了极致。

利用天然资源，例如湖泊、山地，结合生态技术，将家禽、家畜饲养在天然环境中，不喂饲料，不打农药。让原本就生活在自然中的动物回归自然，充分利用食物链，生产出绿色食品和有机食品。

Tips

有机食品 指的是不用或基本不用人工合成的化肥、农药、饲料添加剂等生产出来的食品，相对来说比较健康。

著名的非物质文化遗产美食——稻花鱼，是生态养殖的典型代表。

在放满水的稻田中放入鱼苗，小鱼以掉落的稻花、稻叶为食，而排泄物又为水稻的生长提供足够的养分。

收获时，既可以收割水稻，又可以捕鱼，可谓一举两得。

植物与大气

植物的光合作用可以产生氧气，净化空气，平衡空气中二氧化碳和氧气的含量。

生物需要消耗氧气，产生二氧化碳；燃烧燃料也需要消耗氧气，释放二氧化碳。随着人口数量的急剧增加，机器的普遍使用，被消耗的氧气越来越多，排放的二氧化碳也越来越多，温室效应越发明显。

温室效应最直接的后果是全球变暖，而全球变暖会带来一系列问题。病虫害增多、南极冰川消融、海平面上升、土地沙漠化、干旱和洪灾频频出现、北极熊快要失去它们的家园……这些由于生态被破坏引发的悲剧比比皆是，令人难过。

痛定思痛，倡导绿色低碳生活势在必行。

乘坐公共交通工具出行、节约用水用电、增大城市绿化面积、发展太阳能等清洁能源……这些都是低碳生活的方式。

只有保护植被、保护生态，让地球绿意盎然，人类和动物们才能安居乐业，幸福生活。

低碳生活　是指减少二氧化碳排放的生活方式，可以体现在衣、食、住、行的方方面面，比如节约用电、资源回收利用等。

Tips